BEI GRIN MACHT SICH IHR WISSEN BEZAHLT

- Wir veröffentlichen Ihre Hausarbeit, Bachelor- und Masterarbeit

- Ihr eigenes eBook und Buch - weltweit in allen wichtigen Shops

- Verdienen Sie an jedem Verkauf

Jetzt bei www.GRIN.com hochladen und kostenlos publizieren

Julia Fenk

Der Terminus „nordamerikanische Stadt" – Kanada und die USA im Vergleich

GRIN Verlag

Bibliografische Information der Deutschen Nationalbibliothek:

Die Deutsche Bibliothek verzeichnet diese Publikation in der Deutschen National-
bibliografie; detaillierte bibliografische Daten sind im Internet über http://dnb.d-
nb.de/ abrufbar.

Impressum:

Copyright © 2009 GRIN Verlag GmbH
Druck und Bindung: Books on Demand GmbH, Norderstedt Germany
ISBN: 978-3-656-48332-8

Dieses Buch bei GRIN:

http://www.grin.com/de/e-book/170205/der-terminus-nordamerikanische-stadt-
kanada-und-die-usa-im-vergleich

GRIN - Your knowledge has value

Der GRIN Verlag publiziert seit 1998 wissenschaftliche Arbeiten von Studenten, Hochschullehrern und anderen Akademikern als eBook und gedrucktes Buch. Die Verlagswebsite www.grin.com ist die ideale Plattform zur Veröffentlichung von Hausarbeiten, Abschlussarbeiten, wissenschaftlichen Aufsätzen, Dissertationen und Fachbüchern.

Besuchen Sie uns im Internet:

http://www.grin.com/

http://www.facebook.com/grincom

http://www.twitter.com/grin_com

Friedrich-Schiller-Universität Jena

WiSe 2008/09

Institut für Geographie

Der Terminus „nordamerikanische Stadt" – Kanada und die USA im Vergleich

Schriftliche Hausarbeit

Abgabedatum:

30.03.2009

Inhalt

Abbildungen

Tabellen

Abbildungen

Tabellen

1 Einleitung

In der Literatur wird häufig von der „nordamerikanischen Stadt" gesprochen, wobei US-amerikanische Entwicklungen im Mittelpunkt der Betrachtungen stehen und nicht selten verallgemeinert und auf kanadische Städte übertragen werden. Doch ist es gegenwärtig angemessen, diese zwei Stadttypen zusammenzufassen oder sind die Unterschiede so gravierend, dass von dem Begriff „nordamerikanische Stadt" abgelassen werden sollte?

Um diese Frage zu klären, wird in dieser Arbeit zunächst die Entstehungsgeschichte kanadischer und US-amerikanischer Städte dargelegt. Anschließend werden die heutigen Merkmale der „nordamerikanischen Stadt" erläutert, um im letzten Abschnitt Unterschiede in Bezug auf Probleme US-amerikanischer und kanadischer Städte herauszuarbeiten.

2 Der Terminus „nordamerikanische Stadt" – Kanada und die USA im Vergleich

2.1 Die Stadtentwicklung in Kanada und den USA bis zum Ende des 18. Jahrhunderts

Während der langen Zeit der Kolonisation und der damit verbundenen Rohstoffausbeutung gab es in Nordamerika nur wenige, ausschließlich der Ausfuhr von Gütern dienende Städte. So existierten Mitte des 17. Jahrhunderts sechs Gründungen in den USA (St. Augustine 1565, Jamestown 1607, Plymouth 1620, New York 1623, Boston 1630 und Providence 1636) und zwei Handelszentren in Kanada (Quebec 1608 und Montreal 1642), die bis zur zweiten Hälfte des 18. Jahrhunderts die einzigen blieben (VOGELSANG 1993: 96; GRÜNDER 2003: 86). Diese ersten Städte waren allesamt Hafenstädte an der Atlantikküste, wohingegen die zweite Gene-ration nordamerikanischer Städte auch an den damals wichtigsten Verkehrswegen, den Seen

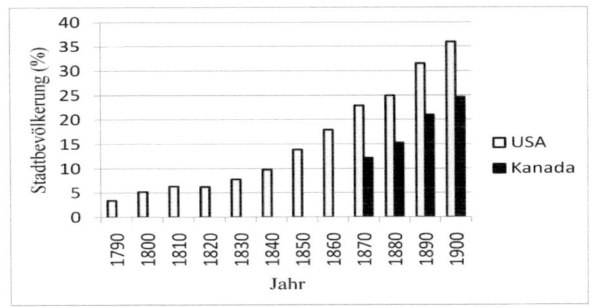

Abb. 1: Die Entwicklung der Stadtbevölkerung Nordamerikas im
19. Jahrhundert (Datenquelle: YEATES 1990: 40)

und Flüssen, entstand (PATERSON 1994:64). YEATES bezeichnet diese Zwischenhandelszentren, die das Hinterland mit den ausländischen Märkten verbinden, als „gateways" (1990: 38). Nach seinem Modell der damaligen Stadtverteilung ist eine klare Größenhierarchie, von überdurchschnittlich großen Städten an der Küste hin zu Kleinstädten im Hinterland, erkennbar.

Der statistische Stadtbegriff wird in den USA (2500 Einwohner) und in Kanada (1000 Einwohner) unterschiedlich definiert (YEATES 1990: 29). Um eine Vergleichbarkeit zu gewährleisten, wird in Abbildung 1 eine Siedlung von mindestens 5.000 Einwohnern als Stadt festgelegt. In den USA war bereits zwischen 1840 und 1885 eine hohe Zunahme der Stadtbevölkerung zu verzeichnen, während das Städtewesen Kanadas noch in den 1880er Jahren vergleichsweise gering entwickelt war: 1881 erreichten nur sieben Städte eine Einwohnerzahl von mehr als 25.000 (LENZ 2001: 203). Doch noch Ende des 19. Jahrhunderts resultierte auch dort eine Phase starken Aufschwungs aus einer großen Einwanderungswelle, die der Industrialisierung und der fortschreitenden Kolonisation der Prärien zu verdanken war. Die Stadtentwicklung setzte in Kanada zwar später ein als in den USA, stand ihr jedoch hinsichtlich der Geschwindigkeit in keinster Weise nach.

2.2 Die nordamerikanische Stadt der Gegenwart

Charakteristisch für die nordamerikanische Stadt ist ihr relativ junges Alter und folglich das Fehlen traditioneller städtebaulicher Elemente, welche beispielsweise den europäischen und islamisch-orientalischen Stadttyp dominieren (ZEHNER 2001: 169). Der Grundriss der zum Teil extrem ausufernden Stadtlandschaften Nordamerikas ist von einem schachbrettartigen, orthogonalen Straßennetz geprägt (HEINEBERG 2000: 248) und lässt sich in Kernstadt (*downtown*), Übergangsbereich und Außenzone gliedern (Abb. 2).

Die Kernstadt ist für gewöhnlich in verschiedene funktionale Bereiche aufgeteilt, wie zum Beispiel Hotelviertel, Behördenviertel oder Luxuswohnanlagen. Der wichtigste ist jedoch der Central Bussiness District (CBD) - das zentrale Geschäftszentrum der Stadt. Es besteht aus Büros, Einzelhandelsgeschäften und Warenhäusern und weist somit „die größte Ballung von Gebäuden ohne Wohnfunktion" (KNOX & MARSTON 2008: 684) auf, hatte jedoch in der jüngsten Entwicklung einen starken Funktionsverlust zu verzeichnen. Das typische Element der Innenstadt ist der Wolkenkratzer, der eine Skyline erzeugt, die „von senkrechten und waagerechten Linien beherrscht" wird (HOFMEISTER 1971:61).

Der sich an die Kernstadt anschließende Übergangsbereich bildet mit seiner niedrigen Bebauung einen krassen Gegensatz zum Wolkenkratzerzentrum, wie in Abbildung 2 deutlich zu erkennen ist. Doch nicht nur hinsichtlich der Physiognomie unterscheiden sich die beiden Bereiche deutlich – auch der „Flickenteppich verschiedener Viertel" (KNOX & MARSTON 2008: 686) im Übergangsbereich stellt einen wichtigen Kontrast zur recht einseitigen Nutzung im Zentrum dar. Es gibt neben Parkmöglichkeiten, Dienstleistungseinrichtungen, Warenlagern und kleineren Fabriken auch Slums - ältere Wohnviertel mit vernachlässigter Bausubstanz, die als Unterkünfte sozial-schwacher Bevölkerungsschichten und ethnischer Minderheiten dienen und nicht selten durch eine hohe Kriminalitätsrate auffallen. Andererseits drangen in den letzten Jahrzehnten verstärkt besser verdienende Bevölkerungsschichten in ältere Arbeiterwohnviertel ein, die aufgrund der zentralen Lage und der niedrigen Preise eine gewisse Anziehungskraft besitzen – ein Prozess, der als *gentrification* bezeichnet wird (DAVIES & MURDIE 1993: 56; HEINEBERG 2000: 256). Dies führte zwar zu einer Verbesserung der Wohnverhältnisse, aber auch häufig zur Verdrängung der eingesessenen Bevölkerung.

Ein wichtiges Merkmal der Außenzone ist der hohe Anteil der Einzelhausbebauung, die vor allem von Bürgern gehobener Einkommensklassen bewohnt werden. Der hohe Flächenbedarf und die daraus resultierende geringe Wohndichte ergeben sich aus der Tatsache, dass sich das

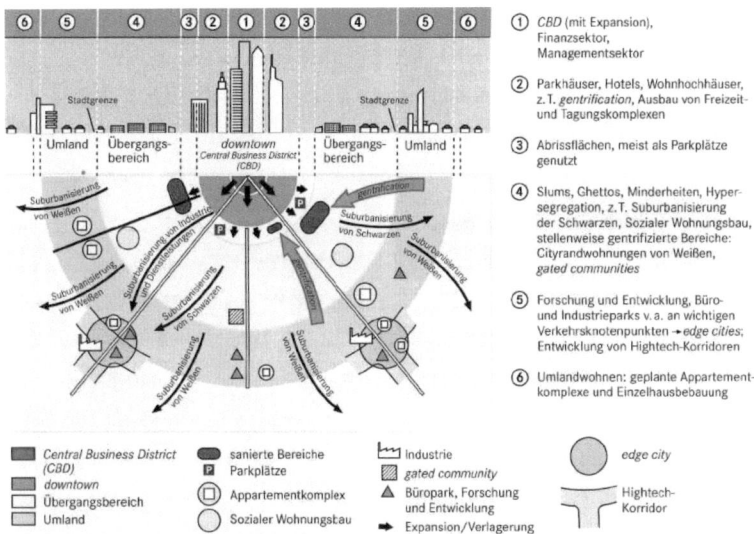

Abb. 2: Das Modell der nordamerikanischen Stadt (Quelle: KNOX & MARSTON 2008:685)

Eigenheim zum wichtigsten Statussymbol der Nordamerikaner entwickelt hat und sie deshalb vor allem durch Größe versuchen, ihre Macht zum Ausdruck zu bringen (HOFMEISTER 1971: 90f.). In manchen neu entstandenen suburbanen Siedlungen kommen besondere Sicherheitsmaßnahmen zum Einsatz (*gated communities*), um die „Elite" vor Kriminalität zu bewahren. Neben der Bedeutung als Wohnraum hat das Umland in jüngster Zeit durch die verstärkte Suburbanisierung auch als Wirtschaftsraum an Bedeutung gewonnen und weist heute oft mehr Arbeitsplätze auf als die Kernstadt. Diese Arbeitsplätze im tertiären und quartären Sektor konzentrieren sich vermehrt an verkehrsgünstigen Standorten, vor allem an wichtigen Autobahnknoten und führen so zur Herausbildung von Außenzentren – sogenannten *edge cities* (KNOX & MARSTON 2008: 714). Diese sind untereinander stärker verflochten als mit der Kernstadt und weisen, bestehend aus Bürokomplexen, Einkaufszentren und Appartementblocks, funktional sämtliche Merkmale einer eigenständigen Stadt auf.

2.3 Ein Vergleich der Probleme kanadischer und US-amerikanischer Städte

Kanada und die USA unterscheiden sich deutlich hinsichtlich der Intensität ihrer städtischen Probleme. Dem Modell der nordamerikanischen Stadt liegt die Annahme des *urban blight* zugrunde, was den Verfall und die Verarmung der Innenstädte bezeichnet. Dieses Phänomen lässt sich allerdings in Kanada nur in Ansätzen beobachten: die Innenstädte besitzen einen viel höheren funktionalen Stellenwert, der durch die doppelt so hohe bauliche Dichte begünstigt wird. Die Kernbereiche sind grundsätzlich kompakter und weniger von Abwanderung und Dezentralisierung betroffen als die ihrer US-amerikanischen Nachbarn (LEY & BOURNE 1993: 14), die große Probleme haben, ausreichend Steuereinnahmen für den Unterhalt der städtischen Infrastruktur und der öffentlichen Dienstleistungen zu erzielen.

Die größere Attraktivität der kanadischen Innenstädte lässt sich auch auf das besser ausgebaute öffentliche Verkehrsnetz zurück führen, welches in den USA nur ungenügend vorhanden ist, was eine Reihe weiterer Probleme mit sich bringt. So gibt es häufig Verkehrsstaus und auch Parkplätze sind meist nicht auffindbar, da der Individualverkehr sehr stark entwickelt ist (HELBRECHT 1996: 239-241). Dies wiederum hat zur Folge, dass der Straßenausbau in US-amerikanischen Agglomerationen mehr als den vierfachen Wert kanadischer Verhältnisse annimmt und dass die Städte durch den Bau von Stadtautobahnen zur „geplante[n] Trennung von Flächen und Vierteln" (SCHNEIDER-SLIWA 1999: 45) regelrecht zerschnitten werden, womit sie zusätzlich an Attraktivität verlieren. Des Weiteren wurde in

Tab. 1: Die Bevölkerungsentwicklung der Metropolitangebiete in Kanada und den USA zwischen 1981 und 1986 (eigene Erhebung, Datenquelle: HELBRECHT 1996: 240)

	USA	Kanada
extremer Bevölkerungs-gewinn (>10%)	21 Metropolitangebiete (8,2% der Agglomerationräume)	1 Metropole (4% der Agglomerationsräume)
schrumpfende Bevölkerungszahlen	49 Metropolitangebiete (19% der Agglomerationsräume)	1 Metropole (4% der Agglomerationsräume)

Kanada der Segregation mittels staatlicher Maßnahmen entgegengewirkt, um die Entstehung von Minoritäten-Ghettos zu verhindern und gleichzeitig die Kriminalitätsraten zu senken. Dadurch sind sozio-ökonomische Disparitäten in kanadischen Innenstädten wesentlich schwächer ausgeprägt als in den USA. So betrug „in fast jeder zweiten (48%) [US-] amerikanischen Innenstadt [...] das durchschnittliche Einkommen der Bewohner [...] im Jahr 1980 weniger als 90 Prozent des metropolitanen Durchschnitts", wohingegen in Kanada nur 14 Prozent der Städte unterhalb dieser Grenze lagen (HELBRECHT 1996: 240).

Bezüglich des Städtewachstums sind in Kanada wesentlich stabilere Entwicklungen zu beobachten als bei dessen südlichen Nachbarstaat. Wie Tabelle 1 zeigt, sind US-amerika-nische Städte heftigen Wachstums- und Schrumpfungsprozessen ausgesetzt, die in Kanada eher eine Ausnahme als die Regel darstellen. Ebenso ist dort das Ausufern der Städte in das anliegende Umland von geringerer Dimension mit der Folge, dass *edge cities* bei weitem nicht in Ausmaß und Anzahl mit denen der USA zu vergleichen sind (LENZ 2001: 217f.).

3 Zusammenfassung

Rückblickend ist festzuhalten, dass der Begriff „nordamerikanische Stadt" in der Vergangenheit berechtigt seine Anwendung fand, denn neben der ähnlichen Entstehungsgeschichte stimmen US-amerikanische und kanadische Städte auch in wesentlichen Strukturmerkmalen und der funktionalen Gliederung weitestgehend überein.

Zu Beginn des 21. Jahrhunderts ist es jedoch angebracht, die kanadische Stadt als eigenständigen Stadttypus zu betrachten, da gerade die jüngsten Entwicklungen zu einer deutlichen Abgrenzung von der US-amerikanischen Stadt führten. In vielerlei Hinsicht erscheinen die Städte Kanadas attraktiver, denn aufgrund ihrer ausgeglichenen Entwicklung sind sie weniger problembeladen, was vor allem in der geringeren Dezentralisierung und den schwächeren sozio-ökonomischen Disparitäten zum Ausdruck kommt.

Literatur

DAVIES, W.K.D. & R.A. MURDIE (1993): Measuring the Social Ecology of Cities. In: BOURNE, L.S. (ed.): The changing social geography of Canadian cities. Montreal: McGill-Queen's University Press, 52-75.

GRÜNDER, H. (2003): Eine Geschichte der europäischen Expansion: Von Entdeckern und Eroberern zum Kolonialismus. Stuttgart: Theiss.

HEINEBERG, H. (2000): Grundriß Allgemeine Geographie: Stadtgeographie. Paderborn: Schöningh.

HELBRECHT, I. (1996): Stadtstrukturen in Kanada und den USA im Vergleich. Die Dialektik von Stadt und Gesellschaft. – Erdkunde 50, 3, 238-251.

HOFMEISTER, B. (1971): Stadt und Kulturraum Angloamerika. Braunschweig: Vieweg.

KNOX, P.L. & S.A. MARSTON (2008⁴): Humangeographie. Heidelberg: Spektrum Akademischer Verlag.

LENZ, K. (2001²): Kanada: Geographie, Geschichte, Wirtschaft, Politik. Darmstadt: Wissenschaftliche Buchgesellschaft.

LEY, D.F. & L.S. BOURNE (1993): Introduction: The Social Context and Diversity of Urban Canada. In: BOURNE, L.S. (ed.): The changing social geography of Canadian cities. Montreal: McGill-Queen's University Press, 3-30.

PATERSON, J.H. (1994⁹): North America: a geography of the United States and Canada. New York: Oxford University Press.

SCHNEIDER-SLIWA, R. (1999): Nordamerikanische Innenstädte der Gegenwart. – Geographische Rundschau 51, 1, 44-51.

VOGELSANG, R. (1993): Kanada. Gotha: Klett-Perthes.

YEATES, M.H. (1990⁴): The North American City. New York: Harper and Row.

ZEHNER, K. (2001): Stadtgeographie. Gotha: Klett-Perthes.